Couvertures supérieure et inférieure
manquantes

LÉO FERRY

Bibliothèque du Touriste en Dauphiné

EN DILIGENCE

DE

BRIANÇON A GRENOBLE

GRENOBLE
Xavier DREVET, éditeur
LIBRAIRE DE L'ACADÉMIE
14, rue Lafayette, 14
SUCCURSALE A URIAGE-LES-BAINS
—
1879.

Extrait du journal *le Dauphiné*.

Grenoble. — Imp. Rigaudin

EN DILIGENCE

DE BRIANÇON A GRENOBLE

Fantaisie.

A Monsieur Germond de Lavigne. Grâce à Monsieur Germond de Lavigne, il n'y a plus de Pyrénées pour la littérature espagnole, ce petit récit lui prouvera qu'il y a encore des Alpes... pour les diligences.

Nous avons des chemins de fer et des bateaux à vapeur, nous aurons sans doute bientôt des tramways ; innombrables sont nos fiacres, omnibus, pataches de tout genre ; c'est-à-dire que tous les moyens de locomotion, — hors le ballon, puisque Nadar n'a pas encore trouvé l'hélice, — sont, à l'heure actuelle, usités en Dauphiné. De plus, nous avons toujours des diligences.

Puisque la diligence règne encore en souveraine absolue sur nos routes de montagne, nous allons parler d'elle, qu'on s'habitue trop à considérer comme une machine antédiluvienne et impossible. Ce ne sera pas seulement pour en médire.

L'héroïne de ce récit était une belle, forte et solide voiture, presque toute neuve, hardiment peinte en jaune et en noir, avec le nom de son point de départ et celui de son arrivée courant en légende sur son frontispice, pimpante comme une goëlette prête à prendre la mer. Elle en avait déjà couru, pourtant, des aventures !

Tous les deux jours, elle voyait se renouveler le même spectacle : Les voyageurs arrivant longtemps avant les chevaux à l'endroit où elle stationnait, et s'emparant, par droit de conquête, des places de leur choix.

Le jour où je la vis pour la première fois, elle partait de Briançon.

Je faisais mon premier Tour des Alpes ; arrivé par Gap et Embrun à Briançon, je retournais à Grenoble par le Lautaret et l'Oisans et je me faisais une fête de voir dans tous ses détails cette route si accidentée où tous les genres d'émotion, partant de surprises et de plaisir, peuvent attendre le voyageur.

J'étais impatient de contempler la Meije, le Goléon, le Galibier, tous ces monts sublimes où le passage de l'homme n'est qu'un accident.

Je voulais voir, suivant l'expression du poëte,

Aux bords toujours plus froids d'un ciel toujours plus pur,
Les Alpes entasser en groupes fantastiques
Les informes donjons et les dômes antiques

De leurs pâles sommets qu'ensevelit l'azur.
Dormant au fond des nuits ; ces mornes Babylones
Dans les champs éthérés découpent leurs remparts.......

C'était..... mais, à quoi bon donner à ce récit une date précise ? C'était donc quand il vous plaira, au printemps, cependant, aux approches de Pâques, comme aujourd'hui, alors que la montagne, défendue par ses neiges, est d'un accès presque plus difficile qu'en hiver. Le bureau de la voiture était assiégé par une douzaine de voyageurs, armés de menu bagage, qui venaient prendre possession de places retenues depuis plusieurs jours.

En moins de temps qu'il en faut pour le dire, coupé, impériale, intérieur, tout fut pris.

Je ne parle pas du *coupé,* je ne dis rien de l'*impériale,* attendu que ce n'est ni dans le compartiment de luxe ni sur la toiture ambulante du véhicule que se passe la scène principale de ce récit. Je me borne à dépeindre la physionomie de l'*intérieur,* où je m'installai, moi sixième, pour passer les quinze heures de cahots — juste la distance de Paris à Marseille — qui séparent Briançon de Grenoble.

La physionomie de cet intérieur, ou plutôt celle des cinq compagnons que le hasard me donna, était assez originale pour mériter un coup de crayon.

Voulez-vous que j'essaie ?

Le numéro *un,* vingt ans, imberbe, était professeur dans un collége des Alpes ; il débutait plein d'ardeur dans l'art d'enseigner ce qu'il venait à peine d'ap-

prendre ; c'était un ambitieux, un cumulard, qui, non
content de faire épeler *rosa*, la rose, aux gamins des
classes de septième et huitième réunies, faisait encore
aux *grands* de l'établissement universitaire un cours
de botanique, un cours de législation usuelle, et, pour
achever de charmer ses *loisirs*, accompagnait parfois
le jeudi une *Etude* à la promenade, et, une semaine
non l'autre, faisait la surveillance du dortoir.

Une vie passablement remplie pour un adolescent
récemment pourvu de son diplôme de bachelier.
Aussi l'ennui n'avait-il point trouvé de fissure pour
se glisser dans cette existence et les mois s'étaient
écoulés rapides depuis la rentrée.

Il allait dans sa famille, à Grenoble, passer deux
semaines de vacances.

Le numéro *deux*, négociant parisien originaire du
Briançonnais, est le type de l'homme heureux à qui
fortune, famille, santé, tout a réussi. A force de
bonheur et de bons repas, il marche à pas placides
vers une précoce obésité.

Le troisième habitant de la banquette est un tou-
riste anglais ayant tenté sans y réussir l'ascension
hivernale de plusieurs pics importants. Mécontent de
tout, maugréant contre tout, surtout contre l'admi-
nistration, qui ne lui a pas donné la place convoitée,
se plaignant de la gêne, des courants d'air, etc.

Quant à la banquette de face, elle est occupée par
un jeune substitut changeant avec bonheur de rési-
dence ; par un voyageur qui ne comptera dans ce

récit que sur le livre de route de la voiture et dont je ne tracerai pas le portrait, car ce portrait ne pourrait être qu'énormément flatté.

Et enfin par une dame, femme d'officier précédant son mari dans sa nouvelle garnison.

Celle-ci, la dernière arrivée, croit qu'il en est des intérieurs de diligence comme du royaume du ciel, où les derniers venus sont les mieux placés. La pauvre femme a choisi dans sa garde-robe pour faire ce voyage tout ce que sa réserve de jupes, pardessus et chapeaux a pu lui fournir de plus antique et de plus rococo ; ce qui lui donne un aspect absolument indescriptible et la fait ressembler à la figurine d'une de ces anciennes gravures de modes que l'on ne peut regarder sans rire, bien qu'au temps de leur apparition elles ne fussent pas plus risibles que celles déclarées chârmantes aujourd'hui par les élégantes.

Pas d'âge, mais sur ses traits, étirés par l'ennui, une expression de bonheur inénarrable. Elle se case tant bien que mal, elle et ses innombrables petits paquets.

A peine assise, elle interpelle le conducteur, dont elle sait le petit nom :

— Félix, les petits sont-ils bien? La bâche les couvre-t-elle assez? Félix, je vous les confie, veillez bien à ce qu'ils ne tombent pas... ils sont si étourdis !

Quand elle fut enfin installée, grâce au tassement qu'opérèrent les premiers tours de roue, elle poussa un immense soupir.

— Ah ! c'est donc enfin vrai ! dit-elle pour accompagner son soupir.

— Qu'est-ce qui est vrai ? lui demanda par politesse son voisin de face, le jeune professeur.

— Que je pars, Monsieur, que je quitte ce pays. Figurez-vous...

(— Ah ! mon Dieu ! murmurèrent deux des voyageurs dont moi, cette dame va nous faire sa biographie...)

— Figurez-vous, reprit la dame.

Le monsieur à qui elle s'adressait ne put rien se figurer du tout, car un grand bruit s'étant produit à l'étage supérieur, c'est-à-dire sur l'impériale, la dame se levant brusquement s'élança à la portière.

— Conducteur, surveillez-les donc, ils vont se précipiter ; conducteur !

Mais le conducteur ne bronchait pas, n'entendant point, et la voiture roulait toujours. Le silence se rétablit à peu près au-dessus de nos têtes et la dame un peu calmée se rassit, oubliant qu'elle allait commencer une histoire.

Je profite de cet oubli, momentané, hélas ! pour dire un mot des cinq autres voyageurs.

Avec son plaid écossais, l'Anglais essaie de prévenir les désastreux effets de l'air qui se glisse entre les ais assez bien clos pourtant des vasistas et menace de l'enrhumer.

Remarquons, en passant, qu'il a eu l'art de s'emparer d'un des coins restés libres et qu'il s'y est aussitôt établi comme dans une position forte, d'où rien ne saurait le faire déloger.

Le négociant, qui connaît à fond *sa diligence,* en supporte assez philosophiquement les incommodités.

La femme d'officier, enchantée de quitter une ville de garnison où elle s'est mortellement ennuyée pendant deux ans, se trouve heureuse de partir pour partir.

Le jeune professeur, enfin, est joyeux comme « un échappé de collége. »

La voiture sort des fortifications. A peine en route, la conversation s'engage entre les voyageurs qui se sont bientôt connus ou reconnus.

— Que dit-on de la *mountain ?* demande l'Anglais, avec l'accent que chacun sait.

— Le service du Courrier n'a pas été interrompu une seule fois de cet hiver, à ce que m'a assuré le conducteur, répond le professeur de septième et huitième. Il faut espérer qu'elle ne sera pas moins clémente pour nous que pour les voyageurs qui nous ont précédés.

L'Anglais ne comprend pas tout ; mais il saisit l'essentiel, c'est-à-dire que le voyage se fera probablement sans accidents et sans incidents.

— D'hebitioude, je ne redoute pas ioune petite événement, mais il ne faudrait point cette fois. Andersen m'attend pour le fameux partie d'échecs et le cleub, il compte sur moi. Vo pensez donc qu'il n'arrivera rien de déplaisant ?

— Et que voulez-vous qu'il arrive ? aucun danger n'est à redouter dans cette saison-ci.

— Je n'en répondrais pas si sûrement, fit le négociant briançonnais naturalisé parisien, moi qui vous parle, j'ai fait plus de cinquante fois le trajet de Briançon à Grenoble et de Grenoble à Briançon, eh bien ! pas un de ces voyages n'a ressemblé à l'autre. Je n'ai jamais trouvé la montagne semblable à ce qu'elle m'avait paru d'autres fois. Il est vrai que je l'ai traversée en toute saison.

— Mais cette saison-ci, qui est le printemps après tout, malgré les averses, doit être la meilleure pour un voyage de cette sorte, dit le professeur.

— Au contraire, Monsieur, janvier offrirait moins de périls ; mais quand on doit partir, il faut partir et pas plus vous que moi, n'est-ce pas, même au prix de quelques dangers, nous n'aurions retardé notre voyage d'un jour ; vous, à cause des vacances ; moi, à cause des affaires...

— Il y aurait du danger ? dit la dame qui avait écouté tout ceci d'un air assez anxieux. Oh ! mon Dieu ! et les petits ! car je ne crains rien pour moi ; je suis trop heureuse de partir. Figurez-vous, Monsieur...

(— Nous n'en serons pas quittes, pensèrent les voyageurs, voilà la biographie.)

En effet, c'était la biographie.

Bon gré, mal gré, il fallut prêter l'oreille.

— Je ne connais pas du tout cette route, commença

la dame, je suis venue de Grenoble par Gap ; il y a
de cela pas mal de temps. Le ministre de la guerre
avait envoyé à Gap le 30° bataillon de chasseurs ;
ce n'était déjà pas le paradis terrestre ; mais, enfin,
on avait un préfet, des bals, un peu de société. Nous
y passons un an. Au bout de ce temps, mon mari me
dit :

« — Tu ne sais pas, chérie, nous changeons de
garnison.

« — Ah ! tant mieux, que je dis, et comme j'avais
toujours eu envie d'aller dans le Midi, je demande à
mon mari :

« — C'est dans le Midi que nous allons ?

« Il me répond, d'un air embarrassé, oui, à peu
près, pas tout à fait, c'est-à-dire qu'on nous envoie à
Embrun.

« Je poussai une exclamation ; mais il n'y avait
rien à répliquer ; c'était l'ordre du ministre. Nous
passons dix-huit mois à Embrun. Un beau matin,
mon mari vient m'annoncer que nous partons. Je
saute de joie, car enfin, dix-huit mois d'Embrun,
c'était suffisant.

« — Ah ! fis-je, en commençant mes paquets, cette
fois, nous allons dans le Midi.

« — Pas tout à fait, me répond mon mari, nous
sommes envoyés à Mont-Dauphin.

« Ce ne fut plus un soupir que je poussai, mais un
rugissement ; car enfin, Embrun, qui m'avait tant
déplu, c'était pourtant une ville.

« — A Mont-Dauphin !

« — Eh ! oui, ma chérie, c'est l'ordre, allons-y gaiement !

« Que vous dirai-je, Monsieur ! de Mont-Dauphin; où la garnison sert de prétexte à un village, nous allâmes au Château-Queyras, où il n'y a pour ainsi dire pas de village et où j'eus le temps, car je crois qu'on nous y oublia, de broder tout un meuble de salon en tapisserie au petit point ; mon mari a fait le fond, bien entendu.

« De Château-Queyras, nous vînmes à Briançon ; mon mari percha pendant presque tout le temps au fort des Têtes. J'imagine que si on avait pu nous expédier dans la lune, nous y aurions porté le drapeau du 30e chasseurs. Enfin, après deux ans de Briançon, deux ans, Monsieur ! arrive l'ordre du départ. Je rêve du Midi. Nous sommes envoyés sur la frontière belge. C'est fini des Hautes-Alpes, mais nous arriverons à l'heure de notre retraite sans seulement avoir vu la mer. Et pourtant, si j'ai épousé un militaire, moi fille d'un riche commerçant de la rue Saint-Denis, moi une Parisienne, c'est que j'adore les voyages, que je comptais aller en Afrique, à Marseille, n'importe où, excepté dans ces garnisons perdues au sommet des montagnes ! Ah ! mes beaux rêves de jeune fille ! »

Tout à coup, la diligence s'arrêta.

— Ah ! mon Dieu ! qu'est-ce qui arrive ?

Des chevaux qu'on amenait, des maisons de chaque

côté de la voiture, un brouhaha de voix ; c'était un relais.

— Tiens ! où sommes-nous ?

— Au Monêtier de Briançon, et la diligence change son attelage.

— Déjà ! Ah ! comme le temps a passé vite. Puis-je descendre pour m'informer de ce que font les petits ? Conducteur, puis-je descendre ?

— Madame, les petits dorment, laissez-les tranquilles. Regardez ! d'ici, vous pouvez encore voir Briançon et ses sept forts.....

— Oh ! s'ils dorment, ils sont sages. Allons, le voyage sera moins ennuyeux que je craignais.

« Au fond de la vallée et au nord, sur la pente rapide d'un mamelon dont la Durance baigne le pied, à plus de 1,300 mètres au-dessus du niveau des mers, se dresse et se cramponne la plus haute ville du monde, la petite ville de Briançon, qui étale, avec un orgueil tout militaire, sa double ceinture de remparts et sa couronne de forteresses. Fièrement assise sur son roc, à l'entrée du défilé qui conduit au Mont-Genèvre, elle laisse tomber un regard protecteur sur la vallée française qu'elle domine, et se présente vers l'Italie comme une sentinelle avancée dont le formidable *qui vive !* résonnant dans les Alpes d'échos en échos, va retentir jusqu'aux portes de Turin. »

Cette description de Briançon, écrite par un auteur de l'endroit, avec l'enthousiasme qu'a tout cœur bien né pour les choses du clocher, me revint à l'esprit pendant que la femme d'officier disait :

— Les forts ! Briançon ! Ah ! merci ! J'en ai par-dessus la tête.

Pendant ce temps, la voiture, entraînée par six vigoureux chevaux, s'était remise en route.

— Vous disiez donc, Monsieur, fit le professeur au négociant, que vous aviez déjà parcouru cette route un très-grand nombre de fois ?

— Oui, Monsieur, sans compter que j'ai été obligé souvent, à cause de l'état de la montagne, d'aller prendre le chemin de fer italien à Oulx. Quand je n'étais pas pressé, c'était drôle ; mais quand j'étais pressé, ça ne m'amusait pas, mais pas du tout.

« Une fois, nous avions quitté Briançon bien tranquilles ; on nous avait donné les meilleurs renseignements sur le Lautaret, et, de fait, nous arrivons à l'hospice du col sans avoir rencontré autre chose que de gros tas de neige soigneusement écartés et rangés sur le bord de la route par les cantonniers. Au col, ce n'est plus ça. Les nouvelles de l'autre côté de la montagne sont mauvaises, si mauvaises que la diligence de Grenoble est en détresse à La Grave et qu'il nous est interdit, sous peine des plus graves dangers, de continuer notre route. La tourmente règne, une rafale effroyable souffle ; les perches qui servent à indiquer la route et à guider le piéton ont disparu sous l'entas-sement des neiges ; il faut attendre.

« Dans les premiers moments, on s'imagine que ce n'est que l'affaire de quelques heures et, si pressé que l'on soit, on plaisante, à cause de la nouveauté de la situation. On soupe avec les provisions trouvées à l'hospice : pain, viande salée, conserves... ; l'on s'entasse tant bien que mal à douze dans les chambres et le dortoir du Refuge. On dort peu ou point. Je dois même dire que je n'ai peut-être jamais ri autant que dans cette première soirée du séjour. En fait de provisions de route, j'avais les *Mémoires de Joseph Prud'homme* et je me délectais des naïvetés étonnantes de ce personnage devenu plus tard si fameux.

« Toute la nuit. la tempête augmente, la neige continue à tomber, large et pressée ; la bise est glaciale.

« De quart d'heure en quart d'heure, un son lugubre comme un glas traversait l'air, c'était la cloche de l'hospice ; elle rappelait son voisinage secourable aux voyageurs en péril. Toute la nuit, le fanal avait été allumé ; sa lumière, reflétée par les neiges, n'avait guidé vers nous aucun voyageur.

« Le matin, on ne peut plus ouvrir les portes de la maison de refuge, tant la neige s'est entassée dans ses abords. Hé ! ça commençait à ne plus être si drôle, car une question de premier ordre se présentait : celle du couvert était résolue ou à peu près, mais restait celle du vivre.

« Le cantonnier déclara qu'il nous ferait probablement dîner, mais que, en son âme et conscience, il ne pouvait nous promettre à souper. A cette déclaration qui manquait absolument de gaieté, je répliquai — car j'étais jeune alors — par un grand éclat de rire et je me mis à chanter :

Ils tirèrent la courte bûche,
Pour savoir qui (*ter*) serait mangé.

« Mes compagnons riaient jaune. Cependant, pour passer le temps, puisque nous ne pouvions sortir, nous organisâmes des jeux : cartes, lotos, dominos, jeux de patience, tout y passa, puis tout nous lassa.

« Nous improvisâmes une charade. Le mot était *Lautaret*. L'orthographe brillait par son absence : mon premier était *Le haut*, c'est-à-dire la montagne, mon second *t'arrête* ; ce qui était de circonstance ; c'était absurde, c'était insensé, c'était ruisselant de bêtise ; personne ne devina ; mais le temps passa ; c'était l'essentiel.

« A chaque instant, l'un de nous allait regarder l'état du ciel, celui de l'atmosphère ; rien n'était moins rassurant que cette contemplation. L'heure du dîner approchait, rien ne chauffait à la cuisine. Cela commençait à devenir inquiétant.

« J'avais remarqué plusieurs colloques très-animés entre un des voyageurs du coupé et notre hôtesse ; je voulus savoir s'il n'y avait pas sous roche un marché auquel nous pourrions participer et je devins attentif. Ce voyageur était un guide savoyard retour du mont Viso, où il venait d'accompagner, pour une ascension d'hiver admirablement réussie, la célèbre miss Georgina Templeton.

« Miss Templeton faisait également partie de notre troupe, mais depuis notre arrivée au Lautaret, elle se tenait renfermée dans la chambre qu'elle s'était fait concéder au premier étage ; elle s'y faisait servir ses repas, elle y écrivait ses Mémoires, elle y dormait, et nous ne la vîmes pas une seule fois durant le séjour forcé que nous fîmes sur la montagne.

« Un grand homme a dit : « ...tre affamé n'a pas d'oreilles. » J'ajouterai qu'il n'a pas non plus de conscience, car je ne me fis nul scrupule d'écouter la conversation de Michel Létraz, le guide de miss Templeton, avec notre hôtesse, conversation dans laquelle le conducteur de la diligence fut appelé en tiers, parce que à lui appartenait de décider le cas en litige. Un de mes compagnons, je ne sais plus lequel, emportait des Alpes un chamois superbe qu'il destinait au repas de noces de sa sœur. Ce chamois, encore habillé de sa chaude fourrure, dormait pour le moment son dernier sommeil dans un coin mystérieux de l'impériale de la diligence, restée en arrêt sous la remise. Et nous n'en savions rien ! Et son propriétaire n'avait rien dit ! Peut-être même tremblait-il que nous ne découvrissions le trésor de nourriture que nous promettait ce superbe animal.

« Michel Létraz était en train de négocier l'achat de tout ou partie d'un cuissot de la bête pour ne point laisser miss Templeton manquer de biffteack, lorsque je parus. Mon intervention ne fut pas accueillie avec beaucoup d'enthousiasme, mais enfin on ne pouvait pas laisser mourir d'inanition de braves gens dont la dernière heure n'avait pas sonné. Le propriétaire du chamois, appelé, fut bien obligé de consentir au dépècement d'abord partiel, puis total de la bête ; car tout y passa, excepté la peau ; M. G... put la faire animaliser, si le cœur lui en dit, en souvenir des trois jours d'épreuve passés au Lautaret.

« Un autre résultat, absolument inattendu, de ce séjour forcé au milieu des neiges nous fut connu plus tard ; miss Templeton, ravie de l'aventure et aussi du dévouement de son guide qui, par son ingéniosité, ne l'avait pas même laissé manquer du superflu, avait offert à ce guide, de quinze ans moins âgé qu'elle, son cœur et sa main. Il y avait quinze mille francs de rente dans cette main, de quoi faire oublier au montagnard de Savoie la différence d'âge, la laideur et aussi le caractère passablement excentrique de sa compagne.

« Voilà, Monsieur, le récit d'une de mes traversées du Lautaret. Nous sortîmes de là, au bout de trois jours, en traîneau, et sans jeter un regard de regret sur ce que nous laissions derrière nous. Les survivants de la *Méduse* n'ont pas dû être plus contents de leur libération que nous de la nôtre. »

Pendant le récit du voyageur la diligence, lancée à toute vitesse, avait franchi kilomètres sur kilomètres. Le soir était venu. Le conducteur avait allumé son phare.

— Où sommes-nous ? se hasarda à demander la dame que le récit du négociant, son voisin, avait tenue tout le temps qu'il avait duré inquiète et haletante. Y a-t-il de la neige sur la route ? Mon Dieu, oui ! il y en a ; voyez, c'est tout blanc !

— Eh non ! répliqua quelqu'un, ce n'est pas de la neige cela, c'est le clair de lune.

— Oh ! merci, mon Dieu ! Votre récit, Monsieur, me fait voir tout en blanc..... C'est que je me suis embarquée sans la moindre provision et qu'on n'a pas tous les jours la chance d'avoir pour compagnon de route un voyageur qui ait songé à se munir d'un chamois. Les petits surtout, eux, ont coutume de faire leurs quatre repas. Mais, comme nous allons vite ! est-ce que les chevaux seraient emportés ?

— Nous allons vite comme cela depuis le Monestier et vraiment je n'y comprends rien, dit le petit professeur. Nous devrions monter, car nous ne sommes sans doute pas loin du tunnel de Saint-Joseph et nous roulons comme une avalanche.

— Ah ! Monsieur, c'est que vous êtes conduit par le fils F... en personne ; le roi des conducteurs, Monsieur, une poigne de préfet ; il vous guide ses cinq chevaux comme un seul département. On m'a raconté de lui vingt faits plus étourdissants les uns que les autres, mais qui surprennent seulement ceux qui ne le connaissent pas.

— Oh ! dites-nous cela, reprit le jeune maître de septième et huitième, je pourrai peut-être ajouter foi à ce que me disait hier, du fils F..., un de mes élèves, Daniel Grand, qui venait me faire ses adieux au moment de partir pour les vacances.

— Daniel Grand, un bambin pas plus haut que ça et malin en diable ; c'est mon gamin de neveu, je le reconnais ! dit le négociant.

— Ah ! Monsieur, fit le jeune professeur, votre neveu, puisque c'est votre neveu, me donne bien de la tablature..... mais il est intelligent comme pas un, aussi je lui pardonne toutes les niches qu'il me fait, tous les surnoms qu'il me donne. Quand il a su que j'allais partir, je l'ai vu venir à moi, rieur et railleur :

« — Bon voyage, M'sieur, m'a-t-il dit, tâchez de ne pas vous perdre en route. »

« Comme mon regard interrogeait le malicieux, et que celui-ci ne demandait pas mieux de répondre à mon regard, le voilà qui ajoute :

« — Ah ! c'est que ça a failli m'arriver. Une fois nous allions à Grenoble avec papa et maman, F... fils conduisait ; nous allions comme le vent.

« La traversée du Lautaret se fit sans encombre ; montées, descentes, tout se ressemblait pour la vitesse ; les dames qui étaient dans la diligence jetaient des cris à faire peur. Mon Dieu ! que j'étais content ! Nous entrions dans un tunnel pour en sortir, et nous rentrions dans un autre pour en ressortir encore. La *Lombarde* ne souffle pas plus rapide. Ce n'était plus une diligence, c'était un tourbillon ; ça roulait comme une boule bien lancée. Nous rencontrâmes des voitures, nous en accrochâmes quelques-unes ; mais point d'accident, c'était tout pour rire. Quand nous arrivâmes au Bourg-d'Oisans, F... n'avait point perdu de voyageurs, mais il s'aperçut qu'il lui manquait deux chevaux, ceux de flèche. A la *Rampe*

des Commères, — un joli endroit que je vous re-
commande, Monsieur : à gauche la montagne, à droite
un abîme dont on ne voit pas le fond, entre les deux,
la route. — Il ne faut pas de distraction par là... A
la *Rampe des Commères,* donc, les traits trop
flottants s'étaient détachés et, à un tournant de la
route, au sortir d'un tunnel, les deux chevaux avaient
été poussés en avant par la vitesse acquise et jetés
dans le précipice de la Romanche. Je crois bien que
F... fils ne pensa pas à aller les chercher. Tout le
monde dit que nous avions échappé à un danger
horrible ; moi je ne me suis jamais tant amusé.

« — Ah ! si, cependant, reprit bientôt le petit
Daniel, j'ai eu encore une aventure plus belle que
celle-là, c'est le jour du premier fusil de mon frère.
Cette fois, c'était pendant le jour, l'été, nous reve-
nions de Grenoble où Gaston venait d'être reçu bachelier ès lettres. Papa, pour le récompenser, lui avait
acheté un beau fusil. Cette fois-là, nous étions sur
l'impériale, mais nous descendions de temps en temps
aux montées et souvent nous avions beaucoup d'a-
vance sur la diligence ; mon frère n'avait pas voulu se
séparer de son cher fusil et il le portait crânement
sur l'épaule, faisant mine parfois d'ajuster et de tirer
un gibier imaginaire. Tout à coup, il me fait signe de
ne pas bouger, de me taire ; il arme son fusil, fait
deux pas en avant, tire et abat, oh ! Monsieur, vous
ne le croirez pas ; mon grand frère, de ce seul coup
de fusil, avait tué un chamois magnifique venu pour

se désaltérer jusque sur la route, au bord de la cascade des Fréaux. J'avais vu la chose arriver et je ne voulais pas y croire. Personne ne voulait y croire. Comme mon grand frère aimait son fusil, ce bon fusil qui, pour la première qu'il avait parlé, avait parlé si bien ! vous pensez si ça fit du bruit un coup pareil. Le temps me dure de passer mon *bachot* pour avoir aussi une arme à moi ; mais des coups comme ça, il paraît que c'est rare, parce que depuis ce temps le fusil n'a plus tué que des lièvres et des repatets, et encore pas en nombre. »

— Je le crois ! fis-je. Ce que je crois encore mieux c'est que c'est à Monsieur de Crac et pas à votre frère que l'aventure est arrivée.

— Monsieur de Crac ! répétez-le voir ! m'a irrévérencieusement répliqué le gamin. Ah ! M'sieur, si ce n'était pas vous ! Mais il n'y avait pas que nous autres dans la voiture ce jour-là, et tout Briançon a vu notre chamois. Vous pouvez vous informer.

— Ce que vous a dit mon bonhomme de neveu est vrai : j'ai entendu parler des deux chevaux précipités dans les abîmes de la Romanche, de la peur rétrospective qui s'empara des voyageurs lorsqu'ils connurent l'aventure. Quant au chamois tué par le fils aîné de ma sœur, j'en ai la dépouille à Paris ; elle me sert de descente de lit, et déjà bien des fois, sur la prière de ma femme, qui était toute fière de la prouesse de son neveu, il m'a fallu raconter les circonstances, incroyables à force de simplicité, de la mort du chamois.

— Allons, dit la dame à peu près rassurée, je vois que, à part la neige, nous n'avons pas de danger sérieux à redouter. Les petits dorment, je vais faire comme eux. Bonsoir, Messieurs !

Comme elle achevait, nous entendîmes sur la route une grosse voix qui disait :

— Six loups ! Vous dites six loups, Genevois ?

— Pas un de plus, pas un de moins, camarade ! Ah ! elle s'est bien conduite, la luronne !

On gravissait en ce moment une côte, je ne sais laquelle. Un voyageur de l'impériale, sorte de maquignon en blouse, plus chargé d'écus qu'aucun de nous, peut-être, jusques et y compris l'Anglais, avait quitté sa place aérienne et marchait un bout de chemin pour se dégourdir les jambes.

Tout en marchant, il causait avec le conducteur.

Il paraît que leur conversation roulait sur quelque sujet qui n'avait rien de bien lamentable, car leurs gros éclats de rire s'élevant en duos bruyants nous arrivaient francs et communicatifs. Ils parlaient assez haut, du reste, pour que nous ne perdissions rien de leur dialogue.

Voici ce que racontait le maquignon :

« — Je transportais du Bourg à Huez, un des villages les plus haut perchés du Mandement d'Oisans, comme vous savez, un fort chargement de vin. Six mules j'avais, qui chacune portaient leurs deux barriques, soit en tout six hectolitres ou, comme on dit chez nous, six *charges*. Cinq de mes mules sont de bonnes et vaillantes bêtes ; mais la sixième c'est, tenez, c'est..... une mule, emportée, rétive, répondant par des coups de pieds aux bonnes paroles ; je l'appelais l'*Allemande,* à cause de ça ; mais forte, dure au travail, mangeant peu, bûchant fort, ce qui fait que je l'estimais tout de même.

« Nous avancions lentement, car le gel avait fait du chemin une vraie glissoire. La neige tombait, et je me pressais, parce que la nuit arrivait et que le froid était raide ; un temps de loup, quoi !

« De loup, en effet, comme vous allez voir. Nous venions de passer au-dessus de l'endroit où était autrefois le raccourci qui va à la *Cristallière,* quand je vois apparaître toute une bande de ces affamés. Les yeux sanglants, la gueule béante, soufflant comme des buffles, ils se mirent à me suivre, moi et mes bêtes, dans l'espoir de faire butin, soit avec moi, soit avec mes bêtes, soit même avec moi et mes bêtes.

« Cette compagnie ne me plaisait guère. Cependant, je me disais : — Si tu perds la tête, c'est fini ! Tu ne peux pas lutter contre toute cette vermine ; il faut faire la part du feu !

« Naturellement, je ne vais pas me sacrifier pour sauver mes mules, mais je peux sacrifier une de mes mules pour me sauver. Laquelle? Mon choix n'est pas long. C'est la bête bargneuse qui tire à *hue* quand on veut la faire aller à *dia* et qui me montre plus souvent qu'il faut l'envers de son sabot.

« Sitôt pensé, sitôt fait! L'*Allemande,* tu vas y

passer ! En deux temps, trois mouvements, je débarrasse vitement la mule de son faix ; j'en charge deux de ses compagnes qui se tireront comme elles pourront de ce surcroît de port ; j'attache fortement la bête rétive à un sapin et, piquant les autres, je m'éloigne.

« Dire que je n'avais point de regret en abandonnant à son sort ma mule méchante, vicieuse, mais forte comme deux bœufs, serait me faire plus dur que je ne suis..... mais, mettez-vous à ma place..... »

— Eh ! fit le conducteur en riant, elle n'était déjà pas si désirable, votre place. Continuez donc, Genevois. Votre aventure ne finit pas de cette façon ?

— Oh ! certainement, non ! Arrivé sain et sauf chez moi, je raconte à ma femme pourquoi elle ne voit pas l'*Allemande* avec les autres mules ; je pense à ma bête qui pendant tout ce temps doit être à se défendre comme elle peut contre les attaques du troupeau de loups ; j'y pense tant et tant que je ne peux pas fermer l'œil de toute la nuit. Ma femme m'a même dit que j'avais pleuré, mais ça, c'est une supposition à elle.....

« Quand le matin fut venu, mes idées s'arrangèrent et je me dis :

« — Puisqu'il faut en faire son deuil, j'en fais mon deuil ! La bête m'avait coûté cent écus ; c'est une nuit bien chère que ces maudits loups m'ont fait passer, sans compter le mauvais sang que je me suis fait..... Allons là-bas voir ce qui reste de l'*Allemande ;* ses fers étaient tout neufs, son licou était bon, les carnassiers ne doivent pas avoir tout digéré.....

«Tout en me tenant ces propos et d'autres, j'approchai du lieu du carnage. Le cœur me battait encore de la grande émotion de la veille. J'étais pressé et j'avais peur d'arriver tout à la fois. Le Grand-Ribot n'était plus qu'à l'autre contour du chemin quand, soudain, un hennissement que je reconnais me secoue tout l'être. Je hâte le pas. C'est là... oui... c'est là que, hier au soir, j'ai été forcé, pour sauver ma propre vie, de laisser l'*Allemande* sans défense au milieu des loups dévorants. Mais qu'aperçois-je? C'est elle, oui, c'est elle, saine, sauve et affamée, piétinant à plaisir sur les corps inanimés de six loups occis par ses terribles ruades, qui m'a flairé de loin et qui m'appelle. Qui fut content? l'homme. Qui le fut plus encore? la bête quand je l'eus détachée et ramenée en triomphe à son écurie où une triple ration d'avoine réconforta la brave combattante. Depuis lors, l'*Allemande* n'est pas devenue moins rétive, mais en récompense de sa bonne défense, je l'appelle la *Victorieuse* et je ne la céderais pas pour son poids d'or... »

— Hum! son poids d'or, c'est beaucoup dire, Genevois, mais c'est manière de parler.

— Ainsi, dit la dame que nous croyons tous endormie du grand sommeil qu'elle avait dit l'accabler, et qui, au contraire, n'avait pas perdu un mot du récit de Genevois, il y a des loups tant que cela dans ce pays? Mais c'est à donner la chair de poule! S'attaquent-ils aux gens comme aux bêtes?

— Oh! rassurez-vous, Madame, dit le conducteur,

voilà quatre ans que le chien-messager du gardien du col Agnel a pu faire son service sans être mangé.

— Tout de même, il faut convenir que vos chevaux marchent rudement bien ; à peine pouvons-nous leur tenir pied, fit Genevois.

— Oui, ils valent mieux que ceux de l'année dernière ; mais aussi je sais ce qu'ils me coûtent.

— Pas moins, ceux de l'année dernière, vos petits biquets, étaient bien drôles et vous aviez trouvé un bon truc pour les faire aller.

— Ah ! vous vous souvenez ? fit le conducteur en riant.

— Si je me souviens ! A chaque montée, vous descendiez de votre siége, vous ouvriez toutes les portières et vous criiez à tue-tête :

— A pied, messieurs et dames, à pied, mes chevaux traînent leur voiture, c'est bien assez ! Malgré cela, vous faisiez signe aux voyageurs de ne pas quitter leurs places, vous refermiez avec fracas les portières, et la voiture roulait plus fort.

— Ça c'était pour contenter les chevaux. Quand ils pensaient n'avoir plus que leur diligence à traîner, ils y allaient de tout cœur et de tout collier. Faut connaître son monde. Avec douze ou quinze personnes, ils n'auraient jamais voulu aller aux montées.

— Pendant que j'y pense, reprit le conducteur, donnez-moi donc des nouvelles de Nicolet le Provençal. Voilà bien longtemps que je ne l'ai vu.

— Il est mort, le pauvre diable !

— Que Dieu ait son âme, puisque la terre a son corps, dit le conducteur. Il a payé sa dette, nous devons..... Et son fils, qu'est-il devenu ?

— Peuh ! il a mal tourné.

— Pas possible ! C'était pourtant un brave garçon, incapable de causer de la peine à une mouche.

— Eh bien ! oui ; ça ne l'a pas empêché de se faire gendarme. Il est par là-bas du côté de la Loire ; il s'est marié. On dit même qu'il est déjà brigadier.

— A propos de brigadier, vous rappelez-vous, Genevois, ces deux voyageurs que je pris un jour sur la route où ils m'attendaient au passage ? Selon vous, c'étaient des gens qui ne vous semblaient pas en règle avec la justice, si pressés ils paraissaient de se faire faire une place dans un coin bien caché de l'impériale. Vous étiez joliment loin de compte, mon cher.

— Qui étaient-ce donc ? des officiers, des seigneurs ? questionna Genevois un peu goguenard.

— Mieux que ça ! Et tenez, pour ne pas vous faire languir, je vous dirai tout de suite ce qu'il en était. Ces voyageurs étaient le roi de Piémont et un guide qui ne le quitte pas dans ses chasses. Je l'avais reconnu, le roi, mais je n'avais rien dit, parce que je pensais bien qu'il aurait été contrarié si j'avais mis son nom sur ma feuille, vu qu'il voyageait comme on dit tout ce qu'il y a de plus incognito. Ça en aurait fait une affaire d'Etat, si on avait su qu'un monarque se hissait ainsi sans façon sur l'impériale de ma diligence. Victor-Emmanuel, vous savez, c'était pour la chasse comme pour la guerre et l'amour, toujours en avant ! Parti pour chasser le bouquetin dans les vallées cédées, il s'était trouvé poursuivant le chamois sur les terres du voisin. Reconnaissant sa distraction, il se dépêchait à rentrer dans son royaume avant qu'on s'aperçût de son absence.

— Tout n'est pas rose dans le métier des rois, fit le maquignon. Ils ont de beaux appointements, mais c'est tout. Ne pouvoir pas même se promener et chasser où bon vous semble, ce n'est pas amusant. Mais comment l'aviez-vous reconnu ?

— Ce n'était pas la première fois que je le prenais sur la route ; aussi il avait grande confiance en moi ; il savait que je ne le trahirais pas. Puis, je l'avais vu à Turin ; mieux que ça, j'avais souvent dévisagé son portrait sur les pièces d'or qu'il me donnait pour payer sa place. Je ne sais pas si c'est un bon roi, mais c'est un bon enfant.

On était arrivé au sommet de la côte. Le conducteur et Genevois reprirent leur place sur le devant de la diligence et la voiture recommença à rouler comme entraînée dans un tourbillon.

Elle avait à peine fait cent mètres de cette nouvelle allure qu'une explosion qui nous parut formidable et nous fit tressauter se produisit. Puis il nous sembla que nous traversions un cours d'eau. Nos pieds clapotaient sur le tapis de sparterie sur lequel ils posaient.

J'ai dit que la nuit était tout à fait venue.

L'Anglais se leva et frappa violemment à la vitre.

— Conducteur, arrêtez ! Il y a ici un voyageur qui se permet d'avoir des armes chargées. C'est défendu par les règlements. Conducteur, je ferai dresser procès-verbal !...

La dame n'avait pu rester impassible devant tant d'émoi. De son côté elle criait :

— Conducteur, faites donc attention, vous allez nous noyer. Ah ! mon Dieu ! J'ai de l'eau jusqu'à la cheville ; elle monte, elle monte ! la neige ! les avalanches ! les loups ! le déluge ! C'est trop d'émotions ! J'en ferai une maladie, maudite route !

Vous voulez probablement l'explication de cette alerte nouvelle qui occasionnait une tempête à propos de deux bouteilles d'eau.

La voici :

Au moment de quitter Briançon, le numéro six avait pris à part l'automédon qu'il voyait tout particulièrement disposé à lui être agréable et il lui avait dit :

— Conducteur, lorsque nous passerons au Monêtier, faites-moi donc le plaisir de me procurer deux bouteilles d'eau thermale, une de la source de la Rotonde, une de la source de Fontchaude. Vous les placerez quelque part afin que je les trouve en arrivant à Grenoble. C'est une manie à moi de collectionner toutes les eaux minérales de notre pays. Celles du Monêtier me manquent encore ; je compte sur vous...

Pendant le temps employé à changer l'attelage, le

conducteur avait envoyé un gamin à Fontchaude et à la Rotonde, puis les deux bouteilles soigneusement bouchées, il les avait placées sous une des banquettes de l'intérieur, sans prévenir personne.

Or, l'eau minérale du Monêtier possède 40 à 45° de thermalité ; elle avait été mise en bouteilles, bouillant encore de sa chaleur naturelle.....

On sait le reste.

Les deux litres d'eau eurent vite fait de se créer une issue à travers les fissures du plancher de la diligence ; le clapotement cessa ; tout rentra à peu près dans l'ordre. Le numéro six, qui avait deviné le pourquoi et le parce que de l'aventure, faisait tous ses efforts pour arrêter le rire fou qui venait de s'emparer de lui ; la dame n'avait pas évoqué l'image des deux *petits* ; le conducteur ne s'était pas ému au double appel de l'Anglais et de la dame. Les autres voyageurs renonçaient philosophiquement à connaître la cause de ces derniers accidents. La diligence commençait à leur paraître la boîte à surprises de Robert Houdin.

Le numéro cinq — le substitut — n'avait rien dit encore qui le fît voir comme s'intéressant à tout ce petit remue-ménage. Quand l'émotion causée par l'explosion des bouteilles, la perte de leur contenu, fut apaisée, il prit la parole.

— Nous avons eu depuis notre départ pas mal de sujets d'émotion, dit-il en riant ; mais que diriez-vous, vous surtout, Madame, si dans des endroits sauvages comme ceux que nous traversons, nous venions à être subitement arrêtés par une bande de...

— De voleurs, acheva le petit professeur. Oh ! ces choses-là n'arrivent plus qu'en Espagne.

— D'ailleurs, appuya le négociant, depuis Balthazard Caire, le fameux contrebandier, on ne voit plus de troupes armées dans ces parages.

— Est-ce que Caire arrêtait les diligences ? demanda la dame avec inquiétude.

— Il ne s'abaissait pas à cela, Madame. Contrebandier peut-être, voleur jamais ! C'était un honnête homme et non un chef de brigands. Madame Clémence Lalire a très-gentiment raconté, dans une *Nouvelle* aujourd'hui oubliée, comment ce fils d'un horloger briançonnais alimentait par la contrebande la boutique paternelle, avec quelle adresse il procédait, et comment il eut le talent, mis au défi par un capitaine de douanes de renouveler ses exploits, de faire du capitaine lui-même son auxiliaire inconscient. Alexandre Dumas s'est emparé de l'aventure et l'a fait se passer en Suisse, mais la vérité est plus jolie que son imagination. Ce coup d'audace de Caire est réellement prodigieux. Caire, d'ailleurs, était un excellent patriote. Lorsqu'éclata la Révolution, quand l'ennemi menaça le territoire de la République, nos défilés des Alpes restèrent sous la seule défense des montagnards ; le contrebandier organisa un bataillon de chasseurs alpins, dans lequel accourut s'incorporer tout ce qui, dans le Briançonnais, savait et pouvait tenir un fusil ;

Caire en prit le commandement, et telle était sa réputation de bravoure et d'audace en deçà et au delà des monts, qu'il fit plus pour la conservation de ce coin des Alpes qu'un et même peut-être plusieurs régiments.

« A la tête de ce corps d'élite, et qui devint le corps des guides, noyau de la vieille garde, Caire, en 1795, prit le fort de Mirabouc, près du mont Viso, ainsi que Villanova et s'avança jusqu'au Villard de Bobio.

« Il devint colonel, fut commandant d'armes à Péronne. En 1815, il commandait au fort Barraux qu'il préserva de la destruction. En 1816, il se retira à Grenoble, où il mourut le 1er mai 1843, âgé de quatre-vingt-dix ans, dans les bras de Madame Connerade, sa nièce, qui habite encore actuellement cette ville. Balthazard Caire était le frère de Caire-Morand, fondateur de la manufacture de cristal de roche de Sainte-Catherine-sous-Briançon. »

— Voilà toute une biographie en quelques mots, dit le professeur, ce qui n'empêche pas que, à part de ceux qui ont souci des chroniques locales, le nom du contrebandier-héros ne soit à peu près oublié.

— Quant à dire qu'on n'arrête plus les voyageurs sur cette route, c'est une autre affaire, reprit le substitut qui avait son histoire à placer et qui ne voulait pas nous en faire grâce.

— Comment, Monsieur, fit le négociant absolument incrédule, vous croyez encore à Shinderhanne, à Fra Diavolo et autres bonshommes de la même farine? Vous en avez vu?

Le jeune magistrat sourit.

— C'est à moi, en effet, que l'aventure est arrivée, reprit-il, et comme elle a eu d'autres témoins que moi, ils pourront se porter garants de ma parole. Pas plus tard qu'à mon voyage de prise de poste, il y a un peu moins de deux ans ; c'était en juin et en plein midi. Le Lautaret, que Monsieur nous a dépeint sous la neige, était à perte de vue un tapis des fleurs les plus éclatantes et les plus odoriférantes. Le temps était splendide. Poésie partout. Pour compagnie de voyage, j'avais une famille de Briançon établie à Marseille dans les denrées coloniales. Cette famille, composée de la mère, de deux fils encore jeunes et de trois jeunes filles, celles-ci charmantes, venait passer l'été dans une belle propriété qu'elle possède aux environs de la ville. Nous causions presque familièrement, et, ce qui est certain, de choses gaies comme le temps ; tout à coup le silence se fait dans la voiture qui, un instant auparavant, pouvait être comparée à une volière pleine d'oiseaux.

Un coup de sifflet aigu, strident, avait traversé nos oreilles ; les enfants se regardaient avec inquiétude ; un second coup de sifflet changea cette inquiétude en terreur, car des cris dont nous ne pouvions démêler la nature succédaient aux coups de sifflet.

Les chevaux s'étaient arrêtés d'eux-mêmes, le conducteur et le postillon étaient descendus de leur siége. Le désarroi régnait tant dans le coupé que dans l'intérieur.

« — Ah ! la coquine, dit enfin une voix, celle du conducteur, qui était, comme aujourd'hui, Félix F., je la tiens..... voilà si longtemps que je la guette. C'était elle qui faisait sentinelle pendant que les autres travaillaient.

« Les jeunes filles étaient pâles, la mère faisait bonne contenance ; les petits garçons, croyant qu'on avait mis la main sur la bande des Quarante voleurs d'Ali-Baba, avaient autant de curiosité que de peur.

« La voiture restant stationnaire, je descendis ; les garçonnets me suivirent, mais se tinrent prudemment derrière moi, prêts à rentrer dans la diligence à la première alerte. Nous vîmes bientôt reparaître le postillon et le conducteur, le premier un filet à la main, le second tenant par la peau du dos une marmotte de toute beauté comme pelage et grosseur.

« — Voyez, Monsieur, me dit Félix, voilà la siffleuse. Il y a un mois que tous les deux jours elle nous fait alerte pareille Dès qu'elle entend les grelots de la diligence, elle avertit ses camarades qui font leur provision de fourrage ou qui s'ébattent dans la prairie ; à ce signal, tout le troupeau disparaît. Ah le beau rôti ! elle est grasse à lard, Monsieur !..... et la belle fourrure ! jaune comme de l'or avec des bandes de velours noir.....

« Une marmotte qui fait le guet dans une prairie dont ses sœurs fauchent l'herbe pour leur nourriture de l'hiver, j'avais lu cela dans Buffon, mais je n'en croyais pas un traître mot. Il fallait pourtant bien me rendre à l'évidence.

« — Je vous achète votre marmotte, quel prix en voulez-vous ? demandai-je à Félix.

« — Oh ! si c'est pour faire plaisir à Monsieur..... fit-il avec quelque regret ; mais quel bon plat et quelle belle peau !

« Pour atténuer sa peine, je lui donnai le double de ce qu'il exigeait.

« J'offris la petite bête à Madame G..., qui voulut bien l'accepter en souvenir de l'émotion qu'elle et ses filles avaient éprouvée. On installa Catarina à la campagne ; les enfants en firent leur élève, lui apprirent toutes sortes de tours ; j'allai plusieurs fois savoir des nouvelles de ces dames sous le prétexte de prendre de celles de notre marmotte, et... l'été n'était pas achevé que j'étais agréé comme le fiancé de l'aînée des demoiselles G...

« — Mais que parliez-vous donc de bande de voleurs, puisqu'il ne s'agissait que d'une troupe de marmottes ? observa le petit professeur, un peu vexé d'avoir cru à une aventure mélodramatique quand il n'était question que d'une aventure drôlatique.

« — Pardon, Monsieur, fit le substitut, en riant, mais je n'ai point prononcé le mot de voleurs et c'est vous qui m'avez interrompu pour jeter ce qualificatif au travers de mon récit.

« — Et la marmotte ? demanda la femme de l'officier.

« — Hélas ! on ne peut plus lui chanter « la marmotte en vie. » A force d'avoir dansé *Youp, la*

Catarina! Venez-voir la marmotte, elle aurait pu en remontrer aux plus savantes de son espèce. Malheureusement, mes jeunes beaux-frères, fiers de leur élève, ont voulu l'emmener à Marseille pour la faire admirer et envier par leurs jeunes camarades du Midi. La nostalgie s'est emparée d'elle et Catarina est morte de la poitrine ni plus ni moins qu'une jeune miss. »

— Les blancs jouent, ils font échec et mat en trois coups .. Andersen est battu ! s'écria d'un ton de triomphe l'Anglais qui, depuis notre départ, n'avait donné signe de vie qu'à l'occasion du pseudo-déluge.

— Ah ! oh! c'est très-intéressant ! reprit-il en s'adressant au jeune substitut. Ioune mermotte qui fait ioune mariadge. Joli ! très-joli ! Moi, Messieurs, la première fois que je suis venu dans les Alpes, ce n'est pas une marmotte qui a arrêté la diligence où je me trouvais, mais bien un ours...

— Un ours ! s'exclama le professeur ; vous voulez rire, Monsieur Comme tant d'autres espèces, celle-ci a presque complétement disparu de nos montagnes, et les amateurs de pittoresque déplorent amèrement cette perte.

— C'était au relais de la Grave, reprit le futur rival d'Andersen, sans tenir compte de l'interruption. Au moment de notre départ de ce village, les chevaux donnaient des marques d'inquiétude ; le postillon n'y comprenait rien, nous non plus. Tout le village semblait en révolution. Des sons de musique discordants se faisaient entendre. Tout à coup apparaît à la portière une tête velue. Les dames qui se trouvaient avec nous jettent des cris épouvantables. Moi, je mets la main à la poche ; j'en tire... mon porte-monnaie et je dépose un shelling dans la sébille que me tendait la bête savante.

« Tout s'expliqua. Un montreur de bêtes donnait en passant une représentation. Un de ses ours dansait une légère polka sur l'air que votre fameuse Thérésa a mis à la mode :

Rien n'est sacré pour un sapeur !

Le danseur avait rassemblé autour de lui toute la population du village. Il nous fallut attendre un quart d'heure avant de pouvoir continuer notre chemin, que Martin et les admirateurs de sa danse avaient encombré... Vous voyez donc, Monsieur le Français, qu'une diligence peut être arrêtée par un ours...

— Farceur de goddem ! fit le négociant.

L'Anglais n'eut pas l'air d'entendre.

Pendant que l'insulaire faisait son petit récit, nous regardant tous d'un air railleur, la diligence continuait rapide son chemin, franchissant monts, cols et plaines. Enfin, elle s'arrêta. Autant que j'en pus juger

Aux premières lueurs de l'aube matinale,

nous étions sur une place entourée de hautes et belles maisons. Les voyageurs du coupé, ceux de l'impériale étaient descendus pour faire un peu de mouvement, sans doute ; je m'apprêtais à les imiter.

Comme j'allais tourner le bouton de la portière, deux jeunes gens, l'un en habit de polytechnicien, l'autre en costume de la Flèche, ouvraient cette même portière.

— Eh bien ! mère, dirent-ils à la femme d'officier, ne fais-tu pas comme tout le monde ? ne descends-tu pas ?

Ces deux futurs défenseurs de la patrie étaient les *petits* pour lesquels la dame, notre compagne de voyage, avait eu tant d'enfantines préoccupations depuis le départ.

— Ce n'est pas la peine, répondit-elle ; je suis très-bien ; ces messieurs ont raconté de fort jolies histoires ; maintenant qu'ils me semblent avoir tout dit, je vais essayer de dormir.

— Dormir ! fit l'aîné en riant ; tu le feras dans ton lit ce soir ; ici, il faut descendre.

— Où donc sommes-nous ?

— A Grenoble, sur la place Grenette, qui est, comme chacun sait, le boulevard des Italiens de Grenoble.

— A Grenoble ? m'écriai-je, au comble de la surprise. Ainsi, nous avons vu ce qui ne se voit presque jamais en diligence : des ours, des marmottes, des contrebandiers, des loups, de la neige, des chamois, une inondation, deux mariages....., et le Lautaret, les tunnels, la Rampe des Commères, le Freynet, les Abîmes de la Romanche, les rochers, les glaciers, les cascades, nous avons passé à côté de tout cela..... sans le voir.

— Et c'était joliment beau ! dit avec conviction le polytechnicien. Et nous avons rudement marché !

— Et j'ai fait un fameux somme ! appuya le jeune frère.

— Mais c'est un voyage à refaire, me dis-je, puis que celui-ci s'est passé en conversation.

FIN.

www.ingramcontent.com/pod-product-compliance
Lightning Source LLC
Chambersburg PA
CBHW051328060726
47596CB00004B/1517